U0142344

寵物居家保健
按摩原理與實務

張維誌 編著

五南圖書出版公司 印行

推薦序一 ————————————————————

　　隨著時代進步、生活水準提升，現代寵物已被當作家人看待，也稱作毛小孩。寵物與人類最大差異在於不會用語言表達，因此其身體的不適，容易被飼主忽略，經常導致疾病嚴重時才就醫，若能提早警覺或平日注意保健，定能遠離疾病。

　　身為臨床獸醫師，由臨床醫學角度切入，通常希望有很好的輔助治療方式，甚至能預防疾病於未然。寵物按摩就是一項非常實用的保健方式，其在復健醫療扮演重要角色，對於舒緩疼痛、緩和情緒以及增加機體癒合能力皆有實證效果，藉由平日主人與寵物之互動更能提早發現異常，達到預防效果。

　　基於醫療及照護相輔相成，學習寵物按摩技巧對有心照護寵物之相關從業人員相當有幫助。維誌老師著作《寵物居家保健按摩原理與實務》，提供寵物照顧相關從業人員教育訓練範本，此書簡潔清晰，當作教學課件以及推廣普及皆相當合適，非常樂於見到此書出版，相信定能為教學及動物福利挹注一股正向力量。

劉金鳴

國立臺灣大學附設動物醫院

主治獸醫師暨復健及整合醫學科主任

臨床助理教授

2019 年 11 月

推薦序二

　　張維誌老師所執筆的著作，精準地融合了實務面與教育學術內容的一本書籍，我確信這本書對擁有熟練經驗的人員或今後將學習此專業的學生以及教育相關人員很有助益，所以在此誠摯地推薦給臺灣的朋友們。

　　全球動物領域的輔助醫護人員的現況，雖然因各國的宗教觀或文化差異，而觀點會有些微地不同，但是美國、英國、澳洲等國設有動物護士的國家資格認證，並且在先進醫療、技術和研究也不斷地進展，有眾多可以成為範例的標準。

　　日本也終於在 2019 年國會立法，成立了動物護士需具有國家資格的法案，在動物醫療方面未曾停滯，預計今後在動物輔助治療（Animal-assisted therapy）、按摩或幼犬訓練等方面，動物護士將會更加地活躍。

　　在這種環境之下，張維誌老師的這本著作，從中樞神經系統和末梢神經系統開始，到感覺器官、骨骼、骨骼肌以及肌肉的運動和作用都詳細地記載。

　　雖然說目前不僅在動物領域而對所有生物都大概有整體性的認知，然而尚有許多未能解明之事物，即便現在認為是正確的理論，在未來無法保證一定是正確的。因此，我殷切地期盼張維誌老師今後能更專注於研究，獲得更多的新發現，希望能為動物業界作出更大的貢獻。

學校法人野上學園

理事長　野上耕一

旗下學校
Bremen 動物專門學校、神戶 Bremen 動物專門學校
東京 Bremen 動物專門學校、大阪 Bremen 動物專門學校

獲獎經歷
教育功勞賞

推薦状

　張維誌老子の執筆によるこの書物は実務的な面と教育的学術の内容が見事に融合した一冊であり、熟練経験者や、これから学ぶ学生及び教育関係者にも非常に役立つ１冊である事を確信し、台湾の皆様に推薦致します。

　世界の動物分野のパラメディカルの現状は、各々の国の宗教観やそれに伴う文化の違いから少し毎考え方が違うのですが、アメリカ、イギリス、オーストラリア等は動物看護師の国家資格を有し、先進医療や技術、研究が進んでおり、手本となる基準は大いにあります。日本に於いても、動物看護師が国家資格となる法案がようやく 2019 年の議員立法で成立し、動物医療にとどまる事無く、アニマルセラピー、マッサージやパピートレーニング等更なる動物看護師の活躍が見込まれております。

　その様な中で張維誌老子のこの本は中枢神経系や抹消神経系から始まり感覚器、骨格、骨格筋、そして筋肉の動きや働きに至るまでこと細かく記述されております。

　動物分野のみならず生物全般に言える事ですが、まだまだ分かっていない事が沢山あり、今が正しくともこの先も正しいとは限りません。張雄誌老子には今後も研究に勤しみ更なる発見を切に期待し、動物業界に貢献してくれるものと願い、結びと致します。

学校法人野上学園

理事長　野上耕一

設置校
ブレーメン動物専門学校・神戸ブレーメン動物専門学校
東京ブレーメン動物専門学校・大阪ブレーメン動物専門学校

賞歴
教育功労賞

推薦序三 ————————————————————

　　認識張維誌老師已有多年，一直以來同在寵物行業爲毛小孩謀福利、認眞耕耘，對他的才華與對教育的熱忱可謂既敬且佩，今聞他即將出書，自然樂於爲他寫序。

　　這本書其中許多觀念和方法都令人耳目一新，從原理論述到方法解說都恰如其分，被認爲是一本談論寵物按摩理論與方法的工具書，整體內容都非常淺顯易懂、深具實用性，所以無論是初學者，抑或是對寵物按摩已有相當經驗的同行業者，這本書的完整與實用性，都會助益良多。

　　曾經親眼目睹一隻全身癱瘓的兔子，經過張老師耐心的按摩之後，竟然可以恢復正常步態；如今張老師願意付出巨大時間，把多年以來的成功經驗彙集成書，我想他的用意應該是希望此書能夠讓寵物按摩學習者有所依循，幫助更多毛小孩解除病痛，進一步提升毛小孩與畜主的生活品質。

張瑞昌

大台北動物醫院院長

2019 年 12 月

自序

「我等等要去看くま還有とら。」
「他們去別的地方了。」

引號中的對話是從小至今每當我遇見毛孩時，總是一直從腦海中浮現出來的對話；在我很小的時候，差不多當我開始有了記憶，除了棒球外總是最喜歡與家中成員對話、摸著、拍著和抱著他們，但記憶中似乎沒有後續，就如同對話一樣，突然之間，就消失在我的童年裡，至今沒有答案。

本書是筆者將自美國職業動物按摩機構所學習寵物瑞典式按摩之學習的心得吸收、消化、研究、驗證、期刊發表後，經由實務操作經驗紀錄、研究與排程，並與多位國內專業人士、獸醫師、照護員以及飼主的回饋加以彙整而成；我是張維誌，目前長期致力於研究寵物按摩運動保健，以及推廣如何讓寵物能夠透過按摩運動的方式，使身體和心理的表現更加符合飼主的期待。這幾年來，專研寵物舒壓按摩技法不曾中斷，經由實際操作驗證、身心情緒探索與物理效應中得知，寵物按摩不僅能落實飼主動物實務教育，並能將傳統技術與生物科學結合共融，用以維持體態或以保持維護身體的狀況，除此之外，也與整合照護結合，使飼主們能夠獲得更多飼養方面的新知與保健方式。

本書在撰寫的過程力求清楚完整，也加入了許多圖文，非常適合初學者、自學者或是教師作為教材與參考用書，希望能夠將抽象的字句更清楚地表達出情境，使讀者更容易理解照顧寵物的方式，並開啟更多人對於寵物按摩益處的了解。

特別感謝我的家人、合作夥伴與最重要的飼主們一直以來的支持與信任，並且由衷的欽佩各位飼主對於寵物們的付出以及關愛，能藉由專業技術與知識分享並照顧您家的寵物，讓我有持續保持著這股動力與獲得許多成就感，以至於有福氣讓我可以繼續幫助寵物們；我常常在課堂中將這些力量比喻為養分及肥料，是促成一粒種子至今能夠開枝散葉最重要的元素。

當決定要把書中的內容分享給大家前，很高興有這麼多的機會認識許多志同道合的朋友，尤其是淑君姐和美伶老師，分別介紹了蘇惠麗醫師和張瑞昌醫師，他們一直以來無私奉獻、協助以及提供意見和建議，是我很大的動力來源，然而在實際開課與教學中向惠麗醫師請益計畫執行推薦師資，因此也認識了鄭漢文醫師與劉金鳴醫師，非常感謝兩位老師給予許多機會並親自指導與提供協助，也因此讓自己更有能量；當時也陸續與物理治療師陳志明醫師長期合作將其相關技術進行整合，當面對產業或飼主需要即時幫助時，能以大專院校教授的身分明確的給予協助與回應。因此在撰寫階段也陸續與曾鴻章醫師和王聲文醫師合作，讓我又有更多的機會接觸實務與理論。在這些前輩的建言下亦師亦友的夥伴關係，讓我自己對產業更加執著並更加要求自己的技術，以至於期待寵物業更加共榮與共好。在著作的過程中，也感謝一直以來無私奉獻、協助及提供意見的教授與醫師們，筆者在未來持續推展寵物新福利與福祉的道路上，必定繼續努力並向下扎根，以「熱愛毛小孩、幫助毛小孩、尊重生命、愛護生命」爲使命，努力不懈，多盡一份心力。

張維誌

2023 年 6 月

此書獻給所有的寵物以及飼主

——希望你們幸福。

Contents / 目錄

3 基本體態結構與解剖學——以犬為例

4 瑞典式被動按摩技巧

5 被動式按摩的輔助

第一章

寵物被動式按摩 ——
用你的雙手與寵物對話

1-1 從按摩開始愛你的寵物

　　近年來，寵物居家照顧與管理儼然成爲飼養毛小孩的爸媽及相關專業人士們的重要課題。隨著對毛小孩健康的重視度提升，從提升舒適的飼養環境到加入具整體功能性的科技設備作爲輔助，「透過人們的雙手與寵物肢體接觸」普遍來說簡稱「寵物按摩」，這門結合身心情緒、行爲訊號、物理反映、傳統醫學與特殊手法的專業技術，於近幾年逐漸流行並於寵物產業中廣爲提倡，而人們也開始將生物科學理論的概念導入傳統按摩技法，提供飼主們更有效的寵物照顧方式。寵物按摩的概念建立在醫療之前，除了能達到日常生活中的有效預防以及生理協助外，有別與以往傳統型態的飼養方式，飼主們也漸漸接觸並了解寵物的身體組織，並進而學習如何用更好的方式照顧毛小孩們。

一　瑞典式寵物按摩的益處

　　瑞典式寵物按摩有別於一般對身體的觸摸，除了能夠影響寵物的感官功能及提高舒適感外，也能透過觸摸的方式改善肌肉勞損、增加體態平衡能力、骨關節疼痛處理，或是強化身體結構組織以提升自主恢復能力，避免因老齡化造成組織的壓力累積與運動肌能退化，所產生足以影響身心的健康問題。

　　透過對寵物皮毛及組織結構的觀察，按摩接觸除了能讓飼主更了解寵物的身體，包括骨骼與肌肉的健康狀況，亦能透過很簡單、輕鬆的接觸方式引導寵物，提升身體運動的質量與對稱性，並增進雙方的親密關係。

二　寵物按摩的五大優勢

　　隨著寵物保健科學概念逐漸普及，並落實於一般飼主與寵物的生活中，尤其以「寵物按摩是屬於靜態的被動式運動」來說，除了基本的放鬆身體與維持體態，也能透過手指的接觸了解組織反應，並透過生物力學改善問題。觸碰時，我們可以經由皮膚與肌肉中健康的筋膜所產生的滑動、緩衝與感覺的訊號，了解寵物身體軟組織與骨骼狀況，適時提供身體協助，並提前預防因老化或創傷所帶來的問題，並促

進淋巴排毒與新陳代謝等循環功能，讓身體保持最佳狀態。

　　以下則將按摩過程中會產生的物理反應歸納出五大優勢：

1. 按摩能有效釋放腦內啡（Endorphins）提升舒適感。

2. 透過軟組織的接觸增加快樂激素荷爾蒙，例如：血清素。

3. 透過互動與觸碰動作，緩解敏感的行為問題，增加後續服從的可行性。

4. 維持流體運輸功能、增加血液循環和淋巴系統運作功能。

5. 增強寵物的免疫系統，有助於排除體內的毒素。

1-2　寵物按摩的最佳時機

寵物的自體修復能力功能優於人類，爲何還需要被動式按摩？

其實正因爲他們的自體修復能力佳，按摩的刺激往往能達到輔助的效果，也能預防肌肉或關節退化的問題，維持身體健康，而按摩的最佳時機在於不僅可以從身體狀況察覺問題，也可以透過肌肉的張力、抵外力與自我重力了解當下身體狀況，並會同獸醫師或特定寵物照護員提供適當的協助。

 一　按摩的方式

雖然按摩的方式繁多，但是大多都能夠依循適當的手勢、技法來安撫寵物的身心並改善其行爲問題，特別是對於軟組織上的動作與調整手法，除了更有效的達到動態訓練，也能透過被動式的運動按摩達到放鬆肌、筋、膜以增加循環功能的效果。因此，如果能夠在問題發生前有效的預防，往往可以使問題提前改善並降低危害，減輕必須進行醫療行爲的疑慮，即「預防勝於治療」的概念。

關於犬、貓的平均年齡，會受到品種、體型、犬群與貓科類的不同而有所差異。身體狀況雖然各有不同的表徵現象，但若能使用徒手按摩，針對軟組織進行揉、捏、按、壓、搓、拍、敲、擊與震等動作，便能提升軟組織的恢復功能，自然就可減少身體因壓力、生活環境、飲食等造成的負擔。

 二　按摩的理想目標

理論上，若能提供寵物合適的睡眠環境、健康的飲食營養以及規律的運動習慣──三項飼養的基本要件，即足以達到供應寵物良好的生活居家照顧，並滿足其健康及生活品質上的需求。然而，實際上寵物的飲食習慣會影響其體質發展，針對其營養需求可以依照不同的體型及犬種別，來給予不同營養價值的補充；同樣的，運動習慣也會影響寵物的軟組織結構以及體態變化，飼主可藉由觀察來了解並記錄寵物肢體動作範圍的變化。

以按摩的理想目標來說，除了觀察寵物軟組織及骨骼等系統變化外，最重要的就是透過按摩觸碰的技法，調整軟組織結構與輔助整合醫學，並提供老齡後的長照服務。藉由按摩不僅促進體內循環功能，也能讓代謝作用穩定地在體內運行。除了基本的飼養需求外，也可經由按摩來落實飼主對寵物居家生活的陪伴與關懷，這些都是寵物按摩保健所能期望達到的理想目標。

 ## 三 肌肉組織按摩的效用

針對肌肉組織的按摩，具有下列三大效用：

㈠ 維持骨骼肌肉系統的健康

按摩能確保肌肉不因過度使用而造成肌肉收縮範圍縮小，進而導致肌肉無法正常伸展與產生沾黏狀況。有效地維持肌肉軟組織的循環功能與提升自我修復功能，以維持良好的體態與肌肉質量是肌肉按摩中的首要目標。

㈡ 降低疲勞恢復時間與提升疲勞恢復狀態

運動前與運動後，往往都會因為不同的體質、肌力、習慣、飲食、活動方式與休息時間等因素造成疲勞；然而，因刺激反應與壓力所造成的軟組織緊繃狀態，會導致身體疲勞復原狀況與時間長短不甚理想，如果可以幫助寵物在活動前後進行組織活絡與循環動作，就能夠在較短時間內提升恢復狀態。

㈢ 增加組織修復速度與傷後復原和訓練管理

軟組織會因為外部的壓力或是體內的變化，而造成原肌纖維組織在身體中的方向改變，若因力量超出組織能承受的安全範圍，或是組織因僵硬或傷痛而導致行動力遞減，力量則會轉移至關節與韌帶組織，而產生代償作用；因此，可以透過運動訓練管理的方式來修復組織、緩和疼痛、促進活動方向，提升組織恢復作用。

四 寵物保健類型繁多，哪些才是適合的？

寵物保健方法繁多，舉凡運動按摩、針灸、推拿、深層組織調整、穴位按壓、觸發點療法、水中跑步訓練等，都是常見的寵物保健方式。

按摩的種類因應不同目的有不同的手法，而寵物會依按摩接觸的手法，開始

接受並適應，產生正向的身體與心理反應。按摩計畫排程往往必須以一個週期爲基準，依照寵物當下的身體狀態，大約 1 個月最少進行 2 次，最多進行 12 次。其中，在按摩的物理療法「Modalities」上，可以著重在以下六個方向：

1. 肌肉舒緩：著重於肌肉的放鬆與壓力的釋放。
2. 骨骼調整：著重於壓迫力的調整與慣性的動作改善。
3. 步態分析：依照品種給予合適的按摩建議。
4. 體態平衡：透過輔助工具，提供動態上的協助與伸展動作，例如平衡板和圓球。
5. 關節活動：少運動的關節，可經由按摩手法增加其活動性，提升關節結構完整性。
6. 神經刺激：神經損傷或神經反射偏弱時，經由按摩可加強其傳導性。

1-3 按摩對寵物身體的幫助

日常的活動會持續對動物身體組織造成耗損，而長期缺乏運動，也會導致身體的循環無法正常運作和代謝，導致關節僵硬和肌肉退化。透過平常對寵物的觀察及行為解析，你我都能推測出它們對寵物身體所帶來的影響！

以下為按摩所帶來的幫助：

1. 促進軟組織開啓循環功能。
2. 減緩壓力使神經系統休息恢復。
3. 調節自律神經機能。
4. 提升循環系統功能。
5. 平衡身體組織結構。

依上述五點分別詳述如下：

 一　促進軟組織開啓循環功能

當肌肉因缺少放鬆修復與累積過多的壓力導致勞損時，其組織容易開始形成沾黏並影響延展功能。當肌肉延展性開始降低和失去彈性的同時，身體自然會因為疲勞累積過度而開始產生酸痛的感覺；同時，核心部位也漸漸因過度的壓力無法正常釋放，使得肌肉組織產生觸發點以及壓力點，形成局部功能性失調與肌肉活動限制。

一旦肌肉長期處於疲勞且耗損狀態，其周邊的肌腱與韌帶也容易產生耗損，若能於問題發生前安排按摩計畫，適當且規律地透過按摩預防、整合並接受妥善的照顧，則肌肉組織周邊的關節和身體部位也會因循環功能改善，而開始製造流體運輸與新陳代謝。尤其在肌肉過度耗損或產生沾黏時，若能適時的接受按摩調理，不僅能提升周邊組織的血液循環，達到有效保水，也能使組織不黏稠，以達到緩解觸發點和降低疼痛感的效果。

二　減緩壓力使神經系統休息恢復

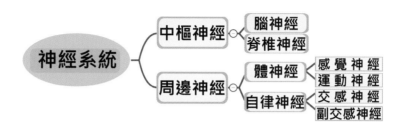

　　神經系統主要分為中樞神經與周邊神經兩大系統，主要工作為操縱身體的接觸感覺以及外在的刺激反應。中樞神經又稱中軸系統，以腦與脊椎為最主要分布的路徑，負責協調各項動作及知覺；周邊神經則分為體神經與自律神經，尤其以自律神經來說，可再細分為處理短期內所產生的壓力或危險的交感神經系統，以及使身體產生休息與放鬆的副交感神經系統，此兩種系統建立了身體的平衡構造。

　　當身體組織透過按摩刺激後，不僅能透過身體的體感反應感覺到肌肉放鬆與延展提升，亦可透過神經介質的傳導產生腦內啡與血清素，從表徵現象觀察，則可以發現心情平穩、神情穩定以及注意力集中等改變，心理產生舒適的正向聯結，能使激動的情緒減緩、平穩的心情放鬆，使神經系統開始有額外的休息時間。

三　調節自律神經機能

　　當身體接受環境刺激想做出即時反應時，必須仰賴於交感神經系統立即的傳導功能，而在長時間的壓力與過度使用之下，會導致整體動能運行出現代償作用，漸漸地使自律神經系統處於不正常釋放壓力的疲勞狀態。換言之，如果身體缺乏充分的休息與放鬆，所能產生的即時反應也就每況愈下。因此，透過按摩可調節自律神經，改善因過度使用或長時間的壓力累積所造成的節點與疼痛點，緩和神經系統因過度使用所帶來的疲乏感，使自律神經系統有足夠的修復時間回復正常。

四　提升循環系統功能

　　身體循環主要是透過血液達到身體氧氣運送、營養補給、代謝物排除、內分泌

物質傳遞與體溫調節等功能，因此循環系統與身體的代謝作用息息相關，故當整體血液循環獲得提升時，與血液循環關聯的淋巴循環也能得到更好的調控。

五　平衡身體組織結構

　　身體發生痠痛的部分是由肌肉與骨骼系統組合而成，它們負責支撐身體、保持姿勢與形成活動動作。健康的肌肉與骨骼系統，使身體承受外來壓力的刺激、維持正常的關節活動與肌肉的正常收縮和舒張。

　　當身體感覺到疼痛或已經無法控制固有體態時，自然就會產生壓力，透過按摩減緩痠痛的不適或降低身體疼痛的狀況，除了能使組織開始循環、放鬆，也一併加速疲勞恢復與促進組織循環的作用。

　　雖然運動能強化身體機能、體質與結構，但是若沒有適度的放鬆伸展，關節可能因過度使用而發生退化，對於運動偏少以及老齡犬貓來說，如果沒有結合軟組織按摩循環與情緒壓力舒緩作為長期照護，以維護骨骼肌肉與關節系統的完整性，並保持身體的平衡度與肌肉張力，可能仍會有關節退化或不良於行的問題產生。

1-4 按摩時的身心反應

按摩所帶來的效果不僅是透過神經介質的催化，而影響生理反應與心理感受，在運用按摩作為寵物的生理輔助之外，長遠來看，還能在寵物的不同成長階段，分別給予適合該階段的調理休養計畫、營養攝取規畫與協調運動安排，這些都是在寵物年齡不斷增長的過程中必須要注意的區塊。本節內容將以犬隻為例詳加說明。

 犬隻年齡對身心的影響

近年來，隨著天然飲食風氣的盛行與醫療品質的進步，現今寵物的平均年齡遠比上一世紀高出許多。狗狗出生的第一個月相當於人類的一歲，半年則約同人類六歲，一年的成犬就具有人類九歲的智商發展。犬隻與人類年齡換算可參見下表：

犬的年齡（歲）	換算成人類年齡		
	小型犬（< 10 kg）	中型犬（10～30 kg）	大型犬（> 30 kg）
1	12	13	15
2	19	19	21
3	25	25	27
4	30	31	32
5	35	36	37
6	40	40	41
7	45	45	46
8	48	49	50
9	52	53	55
10	55	56	58
11	59	60	62
12	62	63	67
13	66	67	70
14	69	70	75
15	73	74	79

　　寵物在不同年齡階段的身體與心理狀況不盡相同，對於按摩來說，除了向飼主詢問寵物的健康狀態，同時也可由上述的年齡區分表確認寵物實際年齡，並推估該年齡階段可能會有的健康問題，以便安排適合的按摩排程計畫。

　　以下將犬隻年齡階段分為幼犬時期、成犬時期及老犬時期說明如下：

1　幼犬時期

幼犬時期的骨架體型與身體肌肉組織皆屬於發展階段，當寵物接受按摩時應著重於舒適感而不是要求力道，避免因過多的力量造成骨骼或組織損傷與不適。

2　成犬時期

成犬時期的骨架體型與身體肌肉組織，隨著年齡成長、具備足夠的營養補給，身體結構穩定，此時接受按摩可幫助放鬆肌肉，並可依照體能發展程度進行多種按摩輔助。

3　老犬時期

老犬時期的骨架體型與身體肌肉組織，因老化現象使軟組織與關節部分開始有耗損現象發生，適當的運用按摩可以預防問題發生與舒緩身體部位的不適。

二　狗狗的行為解析 —— 以按摩為例

　　一般來說，為了讓狗狗接受身體各個部位的觸碰，可依照牠的生活習慣或是喜好著手進行。

　　首先，必須了解這隻狗狗的心理層面，若能在初次見面前先與飼主溝通、詢問狀況，記錄第一手訊息，接著再進行狗狗狀態的觀察，透過互動判斷，評估狗狗是否對按摩者有一定的信任感與服從力，並注意安全與互信，然後才開始進行觸碰。

　　按摩時，透過以下動作，我們可以了解狗狗的行為：

1. 對人展現高度的興趣，大幅度的搖動尾巴；反之，則表示採取防禦姿態。
2. 不斷地吠叫，卻又興奮的搖動尾巴，顯示其過於興奮的心理層面。
3. 用鼻子嗅聞氣味，以認識陌生人和確認安全與否。
4. 肢體動作不大，肌肉僵硬，精神狀態緊張，警覺著周遭環境狀況。
5. 因疼痛或抗拒不習慣的觸碰，而有閃躲、嘴巴靠近、快速逃離等行為。

6. 倒地側躺或露出腹部，完全接受對身體的觸碰，心理狀態爲絕對服從。

7. 呼吸穩定、眼神自然、心情放鬆，對周遭環境有安全感。

三　外部觀察狗狗接受按摩前的身心狀態

進行按摩之前，可藉由狗狗的年齡、體型、鼻子、眼睛及肛門等六項外部因素來觀察其身心狀態，分述如下：

㈠ 從年齡觀察體型

一般來說，四足獸的狗狗爲了使體態達到平衡，其體態的重量區分會呈現「三分之二分布在前半身軀，其餘三分之一位於後半身軀」的狀態，而身體的肌肉組織觸摸起來結實不硬、軟而不散，整體體型不會太胖或太瘦。

㈡ 從體型判斷胖瘦狀態

狗狗的體型大致上可以分爲三種類別：1. 偏瘦 < 2. 體型適中 < 3. 偏胖。

偏瘦的狗狗其身體結構能夠被輕易的觸摸到，尤其是肋骨，當身體缺乏脂肪時，觸碰時必須小心，建議透過指腹的輕按掌握肋間肌；當觸摸偏胖的狗狗時，因其身體有過多的脂肪，導致無法明顯地觸摸到肌肉的凹陷或是隆起，故接受按摩前宜多花時間觀察體態；適中的體型是最適合按摩的，當觸摸其身體時可以摸到骨架以及肌肉。

㈢ 從鼻子觀察身體狀態

按摩前可以檢查鼻部的色澤，觀察是否有溼度與光澤。通常健康的犬隻其鼻子帶有些許溼潤。

㈣ 從眼睛觀察健康狀態

觀察犬隻的眼睛是否因爲年齡而產生病變，或眼睛有分泌物。

㈤ 從肛門觀察體內狀態

檢查肛門四周是否有異味，或是肛門腺未按時清理。

四　犬與貓的體溫與脈搏的測量

按摩前，應觀察寵物的體溫與脈搏起伏，並運用技巧使數值能夠穩定下來。寵物接受按摩的建議數據如下表所示：

	犬	貓
體溫	37.8～39.3℃	38.0～39.1℃
呼吸	每分鐘 10～30 下	每分鐘 20～30 下
心跳	每分鐘 60～100 次	每分鐘 160～220 次

使寵物身體產生高溫狀態的原因，常見於下列情況：中暑、癲癇、感染發熱；反之，使寵物身體產生低溫狀態的原因，則是：失溫、驚嚇、休克、失血過多。

1-5　按摩前應注意事項

　　安排寵物按摩服務前，有效的蒐集寵物的基本資訊與歷史紀錄在按摩前相對的重要，必要時可會同獸醫師、飼主與按摩操作者進行三方溝通，能更切確地了解寵物的身體狀況，飼主也可以針對以下應注意事項進行了解：

　按摩前的注意事項

㈠ 前半小時禁止餵食

　　避免被動運動，導致嘔吐的發生。

（二）避開狗狗平時活動的時間

盡可能的避免於活動時間進行按摩，因為專注力不足導致過程不順暢。

（三）強迫寵物接受按摩

按摩前需觀察、了解寵物當下的心情狀況，倘若寵物已表現出對觸碰極度反感、敏感焦慮等負面情緒，或是現場氣氛緊張，禁止以強制手段逼迫寵物接受按摩。

㈣　**了解寵物的身體狀況**

　　按摩前，充分了解寵物的基本健康狀況，是非常重要的前置作業。同時，按摩者務必將相關資訊一一記錄下來。

㈤　**避免因負面環境影響心情**

　　按摩前備妥能讓寵物感到放鬆、舒適的環境格外重要，應適度的調整現場環境，避免吵雜、髒亂的不良環境，以免造成寵物心生畏懼。

㈥ 與獸醫進行討論

按摩前，應預留適當的時間讓飼主、獸醫師與特定寵物照護員進行三方溝通。

二　禁止施行按摩的時機（或施行時需額外小心）

當寵物出現以下九種狀況時，應暫緩施行按摩，或按摩時需特別小心：

(一) 醫療行為進行時

(二) 情緒過於激動時

(三) 受到驚嚇

(四) 正在發燒

(五) 患有重大疾病

(六) 各類發炎症狀

㈦ 開放性傷口

㈧ 皮膚疾病

㈨ 未癒合的傷口或手術創口

按摩適合的環境

在了解按摩原理及寵物被觸摸會產生的身心反應後，應進一步考慮什麼樣的場所才是最適合寵物按摩的環境。

透過相當程度的接觸與個案研究分析犬、貓與兔子按摩中的反應，可得知對於寵物來說，按摩中所產生的接觸感覺與人類相同，同樣感受得到代表正面聯想的「舒適感」與代表負面聯想的「疼痛感」。

若按摩時要帶給寵物舒適感，則關係到整體的壓力承受與肌肉方向刺激是否適當。初期可循序漸進地由表皮層、真皮層、筋膜及軟組織的接觸來著手，但有些寵物在尚未進入狀況之下，無法專注於按摩的過程，因此得仰賴環境場所營造出來的舒適感，先行建立良好的接觸關係；隨著寵物肌肉組織熱身後，再慢慢的透過其動作反應或訊號，來了解寵物對於按摩過程的接收狀況，並且要隨著當下的情況採取彈性調整，以因應寵物不斷改變的身心狀況。

整體而言，在進行按摩以前，需對寵物的喜好（包含人、事、物）有所熟悉，並於初期選定適當的按摩場所（需舒適且能使寵物正面聯想的場所），才能依序開始操作相關按摩手法來刺激軟組織，在寵物接受按摩期間也要與其建立良好互動關係。

以下列出三種常見的按摩場所來作介紹：

（一）居家場所

使寵物產生舒適感是按摩時十分重要的一環，讓寵物立即進入狀況並接受按摩員的觸碰是不可忽略的首要步驟。居家環境對於寵物來說，因為非常熟悉且已清楚了解該場域的安全性，寵物往往可以跳過觀察與檢查環境的時間，直接與按摩員進行直接或間接的接觸，並開始後續的按摩程序，因此，居家場所是作為讓寵物接受舒緩放鬆最適合的環境。

（二）公共場所

舒適感程度與場域安全性聯想及認知的關係，取決於寵物的社會化程度與社會認知；以公共場所來說，環境的外在因素狀況較為不穩定，當按摩進入一個段落後，往往會因為突發的聲音（旅館其他寵物吠聲）或是現場（美容室作業）不可抗

力之因素，造成影響而中斷按摩過程，但如果寵物對於該環境非常的熟悉，心理狀態也很穩定，則公共場所會是適合按摩環境的第二選擇。

㈢ 戶外場所

　　寵物對於戶外場所所感受到的舒適程度，取決於其心情與認知。在戶外場所（一般公園、寵物運動公園）進行按摩的過程與前述兩種場所具有些許差異，在戶外場所按摩屬於較為動態的運動按摩，按摩員可以透過動態的動作或藉助場地進行主動式的運動作為開端，讓寵物經由跑步或快走主動熱身軟組織，再安排適當的按摩計畫進行後續動作，同樣也可藉由活動與動作帶入行為校正。

第二章

從被動式按摩的角度
觀察寵物行為

2-1 按摩中的溝通訊號

　　當接觸寵物時，學習如何接近寵物與觀察寵物的行為非常重要。一般來說，寵物對於情緒、氣氛、環境與對人類的信任感等感受特別敏感，因此，如何了解彼此要傳達的訊息，是進行按摩的重要一環。就溝通語言來說，人類與動物除了依賴「聲音」作為傳遞訊息的媒介之外，「訊號」也是一種溝通方式。訊號傳遞的是動物因情緒所產生的行為動作，而人類可以藉由訊號觀察動物、了解動物表達的情緒，透過動作行為反應，適時的調整按摩方式。

一　建立親密關係

　　寵物是非常有靈性的動物，且和人類一樣都需要被鼓勵與肯定。人類與寵物之間的對話語言包含聲音、動作與眼神，尤其當我們與寵物進行接觸的時候，說話的語氣與音量非常重要，有效運用肢體動作與眼神使寵物對按摩者產生安全感，並善用狗狗喜歡鼓勵與讚美的心理，注意接觸時的說話聲音，使寵物對按摩者由陌生轉化為接受，甚至感到信任，這些步驟都是要讓寵物放鬆身心而常被採用的方法，進而使寵物接受按摩中施加於身體的力道與方式。

二　與寵物的初次接觸

　　首先，在按摩前我們必須詳細規劃如何對寵物進行按摩，這個過程必須針對寵物的生理優勢而能夠變通與調整。當我們與寵物互動時，其情緒狀況通常較為積極，不過還是存在安全疑慮的變數。相互尊重是人類與寵物相處的基本原則，即使寵物具有造成傷害的能力，我們還是要能

夠控制清況，使按摩中不會遭受安全上的威脅。因此，即便眼前所面對的寵物是我們非常熟悉的，在按摩中還是需依循最安全的方式進行。

三　按摩前與犬接近

　　狗是母系社會的穴居型動物，然而牠們並不會語言，牠們經由肢體語言和發聲互相溝通。當我們嘗試接近狗狗的時候，除了保持主導者的地位，也必須提供適當的安全感與信心，否則狗狗可能會因為我們試圖強力主導當下的情況，而情緒激動或是不理睬。

　　第一，試著在狗狗情緒穩定的情況下接近，如果是接近不熟悉的狗狗時，避免直接眼神交會，因為對於想當主導者的犬隻，此舉動具有威脅以及挑釁的意涵。靠近狗狗時，盡量以相同的方式對待每隻狗狗，如果牠不排斥人類接近，應該從牠的側翼或是頭部至肩胛的位置靠近。每隻狗的警戒距離不盡相同，建議從緩慢、被動的接觸開始，在牠開始有嗅聞、接受訊號的動作後，再慢慢的接近。

　　第二，狗狗最初呈現的姿態或行為是第一印象的重要判斷依據，飼養於家中的犬隻，通常會對陌生人感到興奮或是害怕，偶爾也有不願配合、感到焦慮或是有威脅性等狀況。首次相處時，應特別注意避免過多的肢體動作，包括接觸牠的身體或腳；若是習慣口語指令的狗，可以用「坐下」或「趴下」等動作指令來讓其感到安心；在對狗狗說話時，則以輕柔放鬆的語氣為主；按摩時，記得觀察牠的眼神、呼吸等感覺訊號，以了解及判斷其狀況。

　　第三，在按摩前與飼主適時進行溝通，內容包含寵物目前的身體狀況與過去的健康狀況等，在按摩前了解寵物的狀態能更有效的調整按摩手法，提供更完整的幫助，並於按摩後詳細記錄過程，以便日後其再次接受按摩時有參考依據作為評估。

2-2　行為教育與控制方法——以按摩為例

　　狗的行為教育源自於母系，對於安全保護、生活協助或食物供給適時提供必要的協助，而成犬的行為教育源自於社會化，包含對於同類或是人類都會表現出相同的社會文化。過於獨立的狗或許需要更多時間才能適應陌生人的觸碰；反之，足夠社會化的狗，需要的是夥伴與信任，必要時能夠維持社會化的平衡。因此，人類與犬隻在相處時，必須要特別謹慎地了解牠們的行為。

　　首先，按摩中所產生的行為，我們可以透過寵物的表情或動作開始觀察，一般來說，對於行為較為激動或焦慮的狗狗，我們可以採取「以時間換取空間」的方向著手，用社交、遊戲的方式向寵物做互動介紹，對於首次接觸或是行為較為敏感的狗狗，第一次的按摩應避免不必要的疼痛，或是因壓力過大而對身體的觸碰產生負面的印象，盡量使其保有良好的初次接觸印象。

　　對於可直接或是間接觸碰的毛小孩們，我們可以使用手掌心，以靜止不動的方式平放於頭部、肩胛與骼骨的位置，並試圖於安全範圍內執行點按、搓揉、循環等動作，輕微刺激軟組織，促使肌肉循環功能運作，使其身、心產生舒適感與愉悅感，藉由釋放神經介質達到紓緩壓力的功效，並使焦慮的行為轉換為信任與安全感，以達按摩計畫預期的效果。

　　在施行按摩之前,我們必須要了解寵物的行為、個性及身體狀況,依不同按摩課程規劃多元的按摩部位協助,有計劃地進行按摩時間與內容的設計。當操作伸展活動與關節運動等動作時,應避免在按摩過程中造成傷痛,並需要格外注意寵物的安全並盡量給予其舒適感。

2-3 小型動物的感官

　　感官功能對於小型動物來說，是牠們生活中非常重要的溝通方式，不僅能夠幫助牠們迅速察覺周遭環境的狀況以立即判斷並做出應變，透過嗅覺、視覺與聽覺等感官也能協助其生活的所需。

　　以下針對三種重要的感官功能 —— 嗅覺、視覺與聽覺進行說明：

一　嗅覺

　　犬的嗅覺感受器數量至少有 2 百萬個以上，擅長領域搜索、氣味辨別與社交互動，其嗅覺的敏銳度與人類相差數百倍，又以特殊犬種來說，其嗅覺與人類的差異甚至高達數千倍；而貓的嗅覺與人類相比，差距約為 16 倍，並在幼貓成長階段就已發展成熟，靈敏的嗅覺也讓貓成為了天生的狩獵者。

二　視覺

　　幼犬大約出生九天後視覺漸漸成長，較為平扁、平坦的眼睛形狀，使牠們對於光線的移動與變化較為敏感，就視覺角度而言，短鼻型犬群小於 180 度，而視覺型獵犬則大於 270 度；夜晚的視覺能力以貓最為出眾，除了可以克服不同的光線狀態與距離外，視線的角度也趨近於 280 度。

三　聽覺

　　聽覺受器接受到的聲音，經由外耳至耳道，再透過震動與傳輸至大腦。犬的聽力範圍約每秒 40,000 赫茲，聽覺能力高於人類 4 倍，而貓的聽力範圍每秒達65,000 赫茲，遠遠高於犬類與人類，最為出眾。

　　在按摩過程中，嗅覺、視覺與聽覺是影響整個按摩過程順暢程度的重要潛在因素。當逐漸熟悉並理解寵物的個性及習性時，建議飼主在按摩過程中，仔細觀察牠們的表徵所傳達的訊號及動作，以便適時地提供調整與協助。

2-4 老年犬的身心狀態

　　經由研究報告指出，按摩所促進的生理循環的確是照顧中高齡以及老年齡犬隻非常好的日常保健方法。不同犬種可能因為其基因的差異，而在邁入老年時出現不盡相同的退化問題，隨著身體結構機能的退化，可能開始出現程度不一的疼痛或不適，尤其關節炎、內分泌失調或退變性疾病等，都是常見的老齡犬退化症狀。

　　而隨著醫療科學不斷發展、進步，又什麼樣的年齡才是年長、老化？

　　一般來說，由於獸醫護理提升和飲食習慣改變，使寵物的健康年齡比以往都還長得許多，但必須考慮到，飼主應如何調整現階段適合的日常照護及醫療方式。

 老年犬會產生的狀況

　　隨著老年犬的整體基礎代謝率降低，消化率和吸收率也開始衰退，相對地，活動力也隨著年齡而逐漸下滑，肌肉因此產生壓縮與張力不足的現象，身體的肌肉組織更因較差的運動量、休息時間與飲食狀況，影響身體代謝與循環，例如肌肉組織因體力下降而抵重力下滑，使身體的負重結構與身體狀況不如從前。此外，老年犬如同老年人，膠原組織容易流失，導致肌肉與筋膜缺乏彈性，肌肉和皮膚組織出現鬆弛和萎縮的狀況。

 高齡化的身體部位變化

　　當寵物年齡逐年增長，進入高齡階段，常伴隨以下四種不同身體部位或系統的變化：

㈠ 日常活動困難

　　當年齡到達一定歲數，尤其自狗狗 8 歲後開始，身體各部位會發生明顯的變化，這種變化往往始於組織結構的改變，例如當有關節疼痛或罹患退化性關節病的狗狗，隨著年紀漸長，整體代謝變慢，體重逐漸增加，造成行走時關節處產生疼痛感，甚至還有特定部位的變化，都可能導致狗狗移動時關節疼痛更劇烈。

㈡ 感官功能衰退

狗與貓是非常敏感的感官動物，牠們透過五官如觸覺、味覺、嗅覺、聲音來認識並熟悉周圍的世界，以及和人類互動。儘管牠們的聽覺和嗅覺能力遠遠超過人類的極限，但也和人類一樣，這些感官功能往往隨著時間的發展而開始出現受損問題，聽覺敏銳度降低、視力下降，這在年長動物身上並不罕見。

㈢ 骨骼與肌肉退化

骨骼與肌肉的變化會隨著高齡化而開始變得脆弱並失去密度，這些情況往往發生在狗狗 7、8 歲的時候，並間接的影響了肌腱與韌帶的彈性以及活動範圍，運動神經系統功能因此下降，使狗狗整體活動力下滑，緊接著影響骨關節和脊椎。適當的補充營養能夠讓身體減緩老化，尤其應注重於提高肌肉的質量，並且搭配按摩來輔助是很好的保健方式之一。

㈣ 消化系統功能下降

消化系統功能下降容易導致營養的吸收不足和體內廢物排除的效率變差，老化犬隻的最大消化問題是，因整體代謝下降，造成肥胖或營養吸收不良，而影響生活品質。

三 高齡化犬隻的按摩方針

如果進行按摩的對象為老年犬，接受按摩的諸多優點是很容易被察覺到的，除了生理上的幫助，透過按摩舒緩因身體老化而引起的痠痛，還能維持心理的健康與強化正向的情緒。

當寵物邁入高齡化後，在實行按摩方針時應著重於以下目標：

㈠ 維持免疫系統的健康

高齡的狗狗通常都能夠藉由外力按摩增加淋巴循環，提升淋巴組織代謝。

㈡ 疼痛和炎症的輔助管理

輕柔和緩的被動伸展動作，能讓高齡犬輕易的活動關節和肌腱，降低疼痛和炎症反應，並有效穩定情緒。

㈢ 身體放鬆

按摩時，經由摩擦與提拿皮膚，可使身體得到放鬆。

2-5　反應、控制及處理方法

　　當寵物接受按摩時，飼主心裡往往會產生許多好奇，例如當寵物接受了這些觸碰後，牠們意識到什麼？牠們會有什麼樣的反應？牠們會做出什麼回應，使按摩者知道下一步要如何進行？這些往往也是按摩者心裡想知道的問題！

　　瑞典式按摩有別於一般在寵物身上隨意的觸碰或撫摸，而是以不同的手勢、力道、方向、頻率、方法，針對不同的部位、條件、基準點、觸發點，進行按、壓、搓、揉、捏、擦等動作，對身體組織與肌肉群進行淺層與深層交錯的按壓，使肌肉能夠完全放鬆、解除酸痛，刺激血液循環，以及幫助沾黏、瘦弱的肌肉群纖維組織回復健康，並可透過關節伸展運動輔助活動肌腱與韌帶。

　　正確的運用瑞典式按摩，除了使大部分寵物能感到放鬆外，還能有效的促進新陳代謝並加強身體循環。一方面能使組織液流動，另一方面可以使觸發點的疼痛慢慢減少，無論是健康或是退化的寵物都可以運用並且成效良好。另外，一般寵物常會有的行為問題也可透過按摩的方式來得到解決，但執行上需要非常有耐心，也需要時間的考驗。

　　對肌肉進行按摩的主要原因是提升循環功能，透過按摩者雙手的觸摸，運用不同技巧使肌肉能夠傳導熱能至全身，尤其以按摩中或按摩後寵物大量飲水就可以驗證成效。食慾大增或是睡眠品質提升，都是判斷寵物身體是否接收到一定程度按摩效果的方式。按摩加速了血液循環，使身體熱能傳導更加順暢，目的是提升了自我恢復的物理治療機制。在按摩的過程中可能會發現寵物身體有些疼痛點，但這並非表示寵物羅患疾病，只要能夠在一定的時間、頻率

接受按摩，有效能使肌肉放鬆、紓解緊張壓力、緩和情緒，若過程中寵物開始打哈欠，便能得知牠漸漸感到舒服且身體逐漸恢復正常，達到舒緩疼痛點的目的。

　　寵物按摩的概念建立在醫療之前，運用雙手對肌肉進行不同的按摩方式，不但能夠刺激肌肉循環，亦能發現寵物身體的炎症反應，還能使身體接受按摩後產生舒緩情緒的效果，如此一來使寵物的身心都得到放鬆狀態，最終帶來的不只有好心情，還有一輩子的健康。

一　按摩對於寵物身體與精神上的幫助與反應

　　合適的按摩使寵物感到放鬆與舒緩，此時可由牠的臉部表情或肢體動作來了解其身體與精神狀態，並適時提供進一步驟的幫助。

㈠ 按摩時寵物的表情反應

1. 瞇眼抬腳

　　瞇著眼睛，前腳抬起來，對於肌肉的刺激有相對的反應，此時需注意力道並觀察訊號。

2. 深呼吸（嘆大氣）

從緊張、焦慮漸漸轉換為接受按壓，並從按壓中產生生理上的回應，此時可進行較多的緩慢、輕柔按壓，提升舒適感。

3. 趴下

隨著輕撫或按壓的過程，逐漸可以接受輕巧的按壓力道，並從動作觀察放鬆的時間點，並持續提升舒適感。

4. 躺下

　　絕大多數的寵物接受按摩時，除非本來就習慣對身體的觸碰，對於按摩的身體接觸往往都需要一次以上的碰觸經驗後，才能慢慢地透過刺激肌肉的反應過程，熟悉身體回應與當下狀況。

5. 想睡

　　一般來說，在按摩過程中所出現的想睡、淺眠、熟睡等狀況，都表示寵物非常信任目前按摩者的觸碰，而身體的觸碰與肌肉的刺激也都在寵物可接受的程度與範圍內容，相對地，可以在此時增加對手操作的位置與部位的調理。

6. 熟睡

熟睡的狀況表示身體呈現完全放鬆的姿態，此時按摩者可以持續探究身體的狀況與按摩中所產生的回應，包含心跳、呼吸、肌肉狀況、關節活動與伸展訓練等，判斷並記錄下當時的狀況，往後即可藉由每次紀錄表的內容做階段性的體態評估。

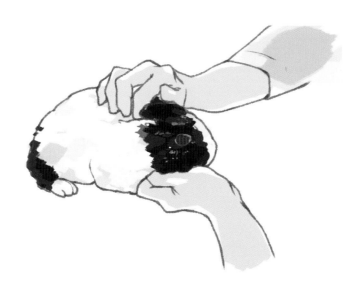

㈡ 按摩時寵物的身體反應

寵物接受按摩時，如果感到舒服，全身肌肉會放鬆。這種反應突顯了按摩、觸碰寵物身體的重要性，因為觸碰時，按摩者能感覺到寵物的肌肉是呈現緊繃或放鬆的狀態。

如果寵物喜歡當下的按摩刺激，可能會舔按摩者的手、轉頭看受到刺激的部位，甚至主動將可接受按摩刺激的部位靠向按摩者的手。

有時候，寵物希望按摩力道更強時，會將受按摩部位用力往按摩者手的反方向頂推，達到更高強度的按摩刺激；如果寵物感覺到按摩部位疼痛或不適，則是會做出與前者相反的動作，嘗試將疼痛部位移出按摩者手所觸碰的範圍，或是閃躲手的觸碰，更極端的情況下還可能會咬或抓按摩者的手。

MEMO

第三章

基本體態結構與解剖學
——以犬為例

3-1　按摩對身體系統的影響

　　「瑞典式按摩」是針對肌肉與骨骼所發展的按摩方式，促使身體產生物理性的自療，即組織自我療癒。透過對肌肉組織的按摩，我們可以運用不同的按摩手勢刺激身體循環，在骨骼、肌肉、循環、神經、淋巴、消化及呼吸系統上產生效果（參見下圖說明）。

　　本節僅針對神經系統與骨骼系統詳加介紹，並說明機能結構與運動功能。

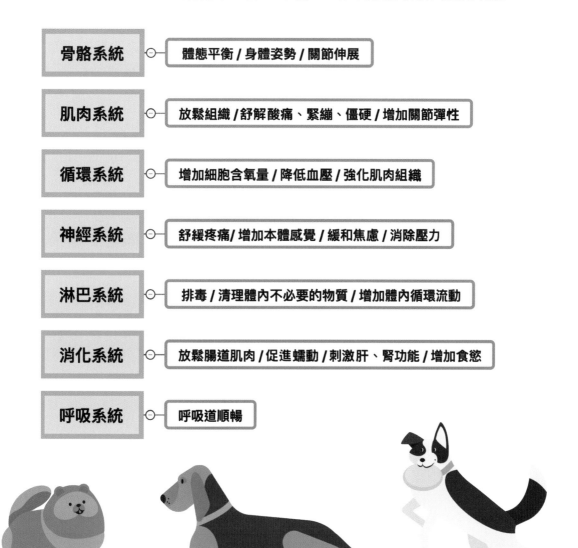

骨骼系統	○─ 體態平衡 / 身體姿勢 / 關節伸展
肌肉系統	○─ 放鬆組織 / 舒解酸痛、緊繃、僵硬 / 增加關節彈性
循環系統	○─ 增加細胞含氧量 / 降低血壓 / 強化肌肉組織
神經系統	○─ 舒緩疼痛 / 增加本體感覺 / 緩和焦慮 / 消除壓力
淋巴系統	○─ 排毒 / 清理體內不必要的物質 / 增加體內循環流動
消化系統	○─ 放鬆腸道肌肉 / 促進蠕動 / 刺激肝、腎功能 / 增加食慾
呼吸系統	○─ 呼吸道順暢

3-2 神經系統及功能

　　整體來說，被動式運動主要針對肌肉、肌腱、韌帶與筋膜部位的刺激、循環，但初步的按摩方式則由寵物皮毛及組織結構初的開始，透過觸碰肌肉與觸摸骨骼了解身體交感神經運作方式；而進階的放鬆技巧則用來緩和副交感神經為主，透過寵物行為訊號的表達，觀察操作力道是否適當、單一部位的接觸頻率時間是否正常，順行肌肉方向，促使組織循環，刺激寵物身體組織，以達到維持身體健康的目的，並協助被動的刺激肌肉與筋膜，得到放鬆保健的效果。

　　以中樞神經系統傳導來說，包含四肢運動、關節位置、肌肉收縮的速度、肌腱與韌帶需要施加的張力程度，都可透過神經系統與接受器傳送資訊至大腦，使骨骼肌肉系統啟動部分軟組織，如肌肉、肌腱、韌帶、關節囊及軟骨，來執行命令。

　　尤其以本體固有感（Proprioception）為身體最重要的自我感受器，其包含關節感受體、前庭系統、肌梭纖維與高爾基肌鍵感受器，當身體因刺激、代謝、循環、流體運輸，產生步伐輕鬆、轉身快速、跳躍輕盈、移動自如的感覺時，身體因自我伸展收縮，使關節維持正確位置，讓神經運動訓練系統開啟傳導作用，促使肌肉漸漸維持運動與力量的記憶。

3-3　骨骼系統及功能

　　骨骼系統不僅提供身軀穩定的平衡結構、穩固關節移動的角度、保護重要器官、儲存骨骼所需元素以及製造骨髓，同樣也與肌肉組織功能息息相關。以犬類為例，大多數骨骼部位的名稱與位置，與人類或其他四足行走的動物較為相似，但骨骼形狀較為不同，例如骨盆、肩胛以及臀部。

　　一般來說，四足獸的狗狗為了使體態達到平衡，雖然體態的重量區分會呈現60% 在前半身軀、40% 在後半身軀，但其肌肉骨骼運動方式會受到犬種與身體結構的不同而有所差異，除了身體的結構組織觸摸起來的感覺不同，關節的動態活動方式與習慣也不一樣，但不論是何種犬種，盡量在日常生活中保持一定比例的運動程度是非常重要的。

　　骨骼系統分為中軸系統與四肢骨骼系統。

　　中軸系統最重要的部位有：頭骨、頸部的脊椎骨（7 節）、胸的脊椎骨（13節）、腰的脊椎骨（7 節）、薦骨脊椎（3 節）、尾骨脊椎（約 20 節）、肋骨（13節）。

　　而四肢骨骼系統則包含：肩胛骨、肱骨、橈骨、尺骨、腕骨、掌骨、趾骨、爪骨、髂骨、坐骨、股骨、脛骨、腓骨、跗骨、蹠骨。

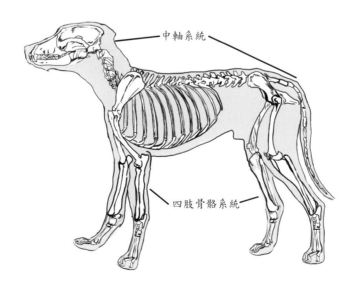

中軸系統

四肢骨骼系統

3-4　肌肉結構及功能

對於身體的觸摸，除了能夠直接觸碰到背毛、表皮層外，也能使用指腹觸摸出關節、骨骼、肌肉等部位的軟、硬、凸或凹，而身體與心理的壓力健康問題也可以透過觸碰軟組織結構的觀察，使飼主更了解寵物的身體，包括骨骼與肌肉的健康狀況，並透過簡單的按摩接觸方式增進與寵物的親密關係。

以下為軟組織與肌肉位置的說明：

　軟組織

不同於的骨架作用是穩定身體姿態和結構的水平，並支撐身體主體架構與槓桿原理的運動形式；軟組織範圍內的運動則是屬於可以移動與變形的類型。

在醫學上，軟組織是指連接、支撐、或圍繞在其他的結構或是存在於身體器官的組織之中。而我們在對軟組織進行按摩時，必須要了解並熟知肌肉、肌腱、韌帶和筋膜的位置與功能。這四種類型的軟組織負責身體整體的運動模式，並且預防身體做出超過安全範圍的過度活動。整體來說，它們不僅對於整個身體的支撐與姿勢非常重要，也可以幫助身體運輸液體和營養物質，以維持正常運作，支持系統功能的健康。

下表是軟組織的類型、組成與功能介紹：

類型	肌肉（骨骼肌肉、平滑肌、心臟肌）、肌腱、韌帶、筋膜。
組成	水、蛋白質、脂肪、鹽、糖、礦物質等。
功能	動作、防止過度運動、穩定姿勢、營養與流體運輸。

(一) 肌肉

肌肉能製造張力，而使身體能夠進行伸縮、延展，以便產生適合肢體動態角度的運動。因為肌肉在休息和活動時都有熱量需求，代謝功能往往持續進行，因此必

須不斷補給營養。營養補給與循環的關係密不可分，是讓肌肉能夠支撐身體並給予伸縮、延展、旋轉功能的重要因素。

透過按摩可以判斷肌肉的強度，也能夠讓我們觀察寵物的日常飲食是否有適當的攝取營養與足夠的活動能力。一般來說，肌肉功能四大特性有：

1 收縮性　**2** 延展性　**3** 刺激性　**4** 彈力性

㈡　肌腱

肌腱是一個高彈性的結構，也因為肌肉連接到骨骼的關係，它能夠協助承受高程度的拉力，當周邊神經與運動神經接受到重力感，會促使肌肉產生巨大的力量，透過肌腱儲存與釋放，推進轉移至骨頭，使身體運行。

㈢　韌帶

韌帶的基本功能就如同安全帶，韌帶連結著骨骼與骨骼，並且限制骨頭的活動角度。它們圍繞在關節外層作為平衡，提供適當的彈性，在關節活動的範圍內加強其穩定性，避免損傷。

㈣　筋膜

筋膜由大量的水、膠原蛋白和其他蛋白質組合而成，故健康的筋膜彈性佳，延展性大。它遍布全身，存在於肌肉、骨骼、神經、血管和其他組織裡，在血液動力學和生物力學中，筋膜具有支持身體與提供保護措施的功能，避免細菌感染和疾病的引起，是身體組織裡繼皮膚之後的第二道防線。

二　肌肉位置與名稱

　　以下分別介紹犬隻的各部位肌肉名稱，並可對照圖片上紅色的肌肉位置：

㈠　頭部左側，咬肌（Masseter）

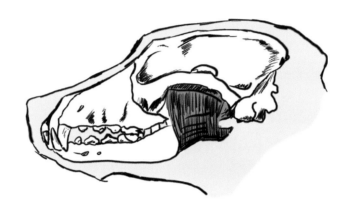

㈡　頸部左側，頭臂肌（Brachiocephalicus）

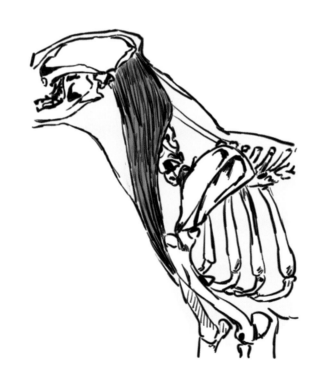

㈢ 頸部左側，胸骨頭肌（Sternocephalicus）

㈣ 左前肢外側，斜方肌（Trapezius）

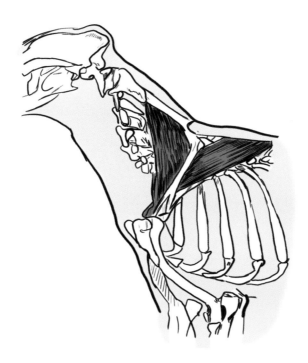

㈤ 左前肢外側，棘下肌（Infraspinatus）

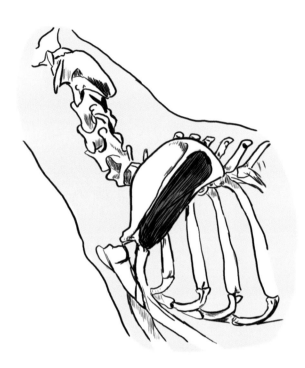

㈥ 左前肢外側，三角肌（Deltoideus）

㈦ 左前肢外側，棘上肌（Supraspinatus）

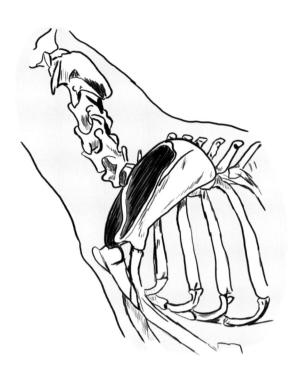

㈧ 左前肢外側，肱三頭肌（Triceps）

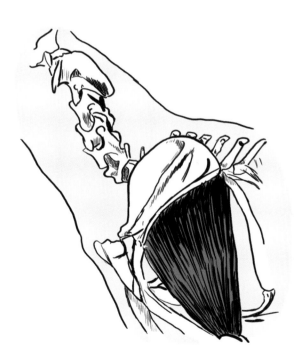

㈨　左前肢內側，肱二頭肌（Biceps）

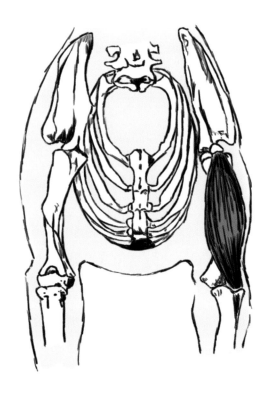

㈩　胸部，胸大肌（Pectorals）

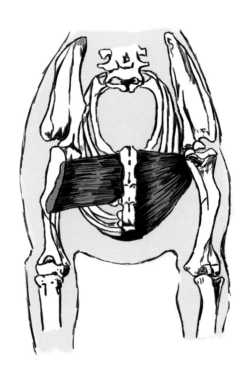

(土) 左後肢內側，半腱肌（Semitendinosus）

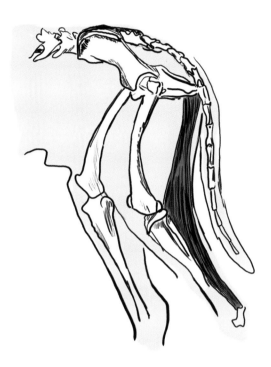

(圭) 左後肢外側，腓腸肌（Gastrocnemius）

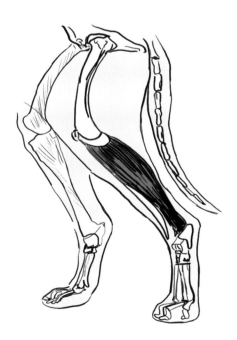

㈢ 左後肢，股四頭肌（Quadriceps femoris）

含股外側肌、股直肌、股內側肌（Vastus lateralis, Rectus femoris, Vastus medialis）

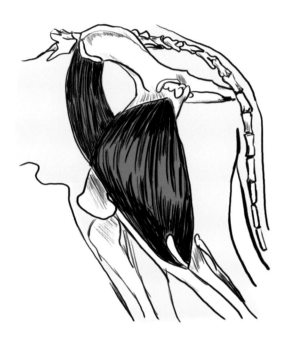

㈣ 左後肢外側，股二頭肌（Biceps femoris）

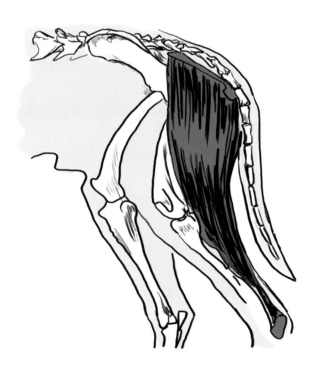

㈤ **軀幹左外側，肋間內肌**（Internal intercostal）

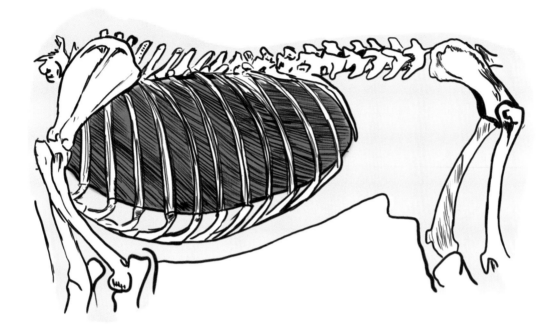

㈥ **軀幹左外側，腹外斜肌**（External abdominal oblique）

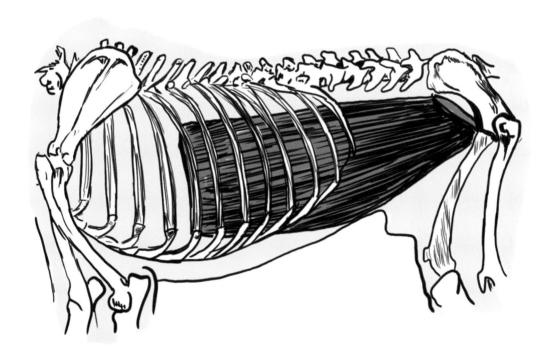

(七) **軀幹腹部，直腹肌**（Rectus abdominis）

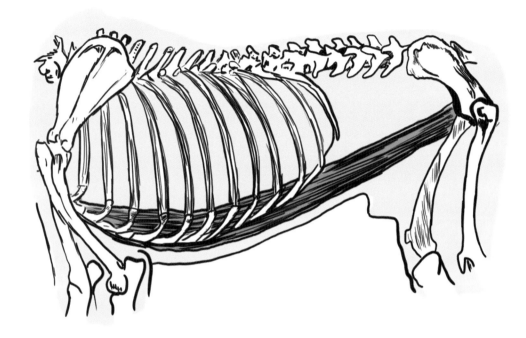

(六) **軀幹左側，背括肌**（Latissimus dorsi）

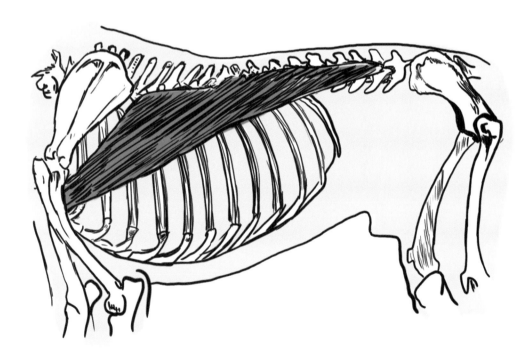

㈨ 右後肢內側，半膜肌（Semitendinosus）

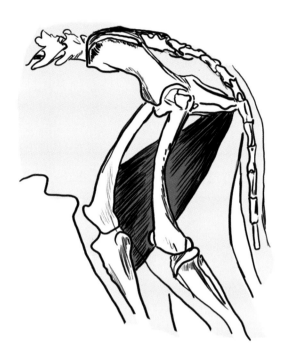

3-5 機能結構及運動功能

　　四足獸與兩足類最大的不同點，在於四足獸需要肩胛、骨盆及臀部的協助以穩定其整體結構。以肩胛骨來說，一般以胸椎第二節（T2）為基準點，測量肩胛的角度分為 30 度、35 度、45 度，依照不同犬種的骨格標準與站立的姿勢，透過自主機能感的運動方式，身體能自我伸展收縮，使關節維持正確位置，或者透過刺激肌肉系統讓身體進行循環，達到運動訓練的目的。

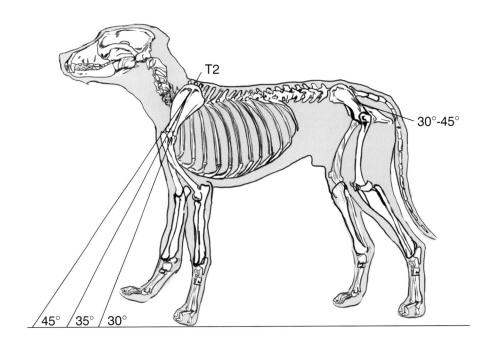

　　以「按摩幫助肌肉舒壓」來說，按摩是讓肌肉保原有的動態記憶，使本體固有感維持一定的動態水平，不僅讓寵物身體達到整體運動平衡，使骨骼關節於行走時的旋轉保有相對一定的舒適感，也可以讓整體運動機能表現，包含跳躍、行走、移動，維持在穩定的健康狀態。

　　對於整體運動功能的評估，我們可以透過觀察寵物的步伐協調性、腳步明確性、爆發穩定性來判斷律動是否平衡，並依其行走的步伐、跑步時的線性律動與身體平衡的控制等動態模式，來調整身體的出力程度，使整體身體的力量穩定。

MEMO

第四章

瑞典式被動按摩技巧

4-1 按摩的好處——以犬為例

　　在對寵物骨骼與肌肉等身體結構有一定的認識後，我們可以透過肌肉解剖圖來了解肌肉的方向、角度與結構，以熟練每一個按摩動作的執行位置，運用不同的按摩手勢與手法對肌肉進行刺激，除了有效的產生腦內啡以外，亦可減緩疼痛的區域，並降低受到二次傷害的可能，也可運用按摩達到預防骨骼老化造成傷害與不適，作為日常防護措施。

　　本節以犬隻按摩為例，詳述接受按摩能為狗狗的身體與情緒健康帶來哪些正向影響：

 一　緩和情緒、集中注意

　　在一般的情況下施行按摩，多運用手掌輕撫、指腹按壓、掌心循環、指腹跳動、拳面摩擦的手法，而進行的部位包含鼻子邊緣、吻部、眼窩周圍、頭蓋骨上方及上下顎兩側、雙耳朵及耳後緣等首部部位，達到情緒穩定、注意力集中的效果。

 二　預防呼吸道問題

　　預防呼吸道問題的按摩步驟可劃分為三個階段：

　　第一階段的重點在於維護呼吸系統，運用按摩技術使肌肉舒緩，減緩因過度咳嗽或憂鬱所造成的憂鬱情緒與心理壓力。第二階段則著重在提升免疫系統及改善循環系統，舒緩緊張的情緒並且幫助寵物恢復正常的生理功能。最後，運用按摩提升體能和強化呼吸系統功能。操作部位為肩關節與手肘關節之間，以及頸椎與胸肋骨、大背肌之間，尤其建議以輕撫、按壓、循環的方式進行。

 三　緩解關節炎疼痛

　　除了透過獸醫師獲得對疼痛管理必要的醫療協助之外，平日有效的運用按摩放鬆肌肉，幫助耗損的關節組織修復，改善動物因關節炎而引發的行走問題，達到回

復以往的運動狀態，也是十分有助益的保健方式。如能持續的進行按摩計畫並配合適當的運動方式，不僅可以幫助身體和關節舒緩並刺激腦內啡的釋放，也可緩和因疼痛帶來的焦慮情緒。

例如，針對膝關節周圍的按摩方式，可以選擇關節周邊肌肉作為進行重點，主要部位為股二頭肌下端周圍肌肉與半腱肌下端肌肉。

四　改善因腸胃不適造成的食慾不振

有效的運用按摩能達到放鬆肌肉、釋放張力與生理緊弛的效果。如果寵物因為腸胃不適而導致食慾降低，應先尋求醫療協助，再輔以按摩技術使肌肉舒緩，減少心理壓力，進而幫助寵物恢復正常的生理功能，改善生活品質。而按摩的部位為大、小腸位置上方之外斜肌部位。

五　預防運動傷害

可以在運動前或運動後進行按摩，以便觀察身體部位是否有出現異狀，運用輕撫、按壓、循環、輕扣、摩擦等手法，針對二頭肌與三頭肌肉肌腱邊緣、橈尺骨、腕肌邊緣、腓腸肌邊緣等部位進行按摩。

六　協助手術後復健

接受手術後，大部分動物體重會減輕，除了因肌肉萎縮影響活動意願外，也會因骨骼關節疼痛和生理情緒等變化而無法正常活動。此時，施行按摩可幫助消化系統恢復正常運作。另外，也可提供被動式的伸展來輔助活動，輔以針對手術部位進行適當觸摸（此動作需會同醫生診斷），達到特定部位的按摩效果。最後，還能加入輕撫手式協助體液與血液的運輸、循環手式活化體內淋巴代謝功能、摩擦皮膚提升免疫系統功能，使按摩計畫更為完善，加速術後恢復。

按摩的部位應針對胸大肌、腓腸肌、頭臂肌，目的是加速血液循環，如有情緒問題可再加入頭部按摩。

七　調節呼吸、紓解緊張

　　寵物會因為人、事、時、地、物等各種因素，影響牠們的判斷力與專注力。此時，針對身體前半部核心肌肉群進行刺激，能夠舒緩緊張的情緒，透過按摩觸碰，可使其冷靜、緩和情緒，並調節呼吸頻率，紓解緊張，達到穩定狀態。按摩時可針對胸大肌、二頭肌和三頭肌等特定部位進行。

4-2　按摩前準備與須知

寵物按摩是經由「肢體接觸」作為最主要的操作方式，以下依照接觸時的環境、時間、頻率、手法、接觸的身體範圍以及需準備的用品，作相關說明及介紹。

 環境

一般來說，穴居型態的動物對於環境的適應情形，往往會因當時環境的氣味、聲音或是感覺，而產生正面或負面連結的狀況。

在第一次與寵物見面時，建議先以自我介紹的形式開始接觸，對於無法改變按摩環境的條件下，可選定寵物有安全感的位置，包含床墊、沙發或是角落，先讓寵物嗅聞周遭氣味，並以餘光觀察寵物，避免眼神過度直視，如此讓寵物接近及適應是最佳的緩和方式，以方便進行後續的動作；或者，也可以選擇通風且安靜的獨立空間，由按摩師進行一對一的按摩程序。

 時間

絕大多數的寵物對於時間自有一套判斷模式，牠們能夠依照天氣、燈光、聲音、氣味或是某種特定的時間點，掌握身邊環境所帶來的壓力。而按摩前需考量的是，寵物的生理時鐘往往因為飼主的教育及養成方式逐漸制約化，對於何時要吃飯、出門散步，甚至家中成員回來的時間，都相對地特別敏感，因此建議按摩應避開這些時間點，以免寵物對於原本預期的狀況沒有實現而感到困惑不安，導致情緒焦慮及反映在外在行為上。

 頻率

通常，寵物接受按摩的頻率是以按摩類別作為時間上的區分，一般舒緩按摩時間大約 10～20 分鐘、提升循環系統功能性按摩則以 20～30 分鐘不等，而復健型態按摩則以 30～40 分鐘為主，體型越大的犬隻可以接受的時間甚至長達六十分鐘；

時間的長短則是以觸碰的接受度、按摩的內容以及週期性按摩次數爲主要考量，次要則會依據寵物接受按摩的質量進行規律性按摩計畫。

四 手法

寵物按摩最常使用手的部位，其中又以指腹、手掌及掌根最爲適合，接觸的力道及方式則以「前至後、上至下」，依犬隻的體型順向施行 50～500 克、500～800 克不等的力道進行按壓。

五 身體範圍

接觸的身體範圍大多以全身軟組織、肌腱及韌帶爲主要按摩部位。

六 需準備的用品

按摩中所需準備的用品，可將其大略分爲環境、按摩及其他等三種性質，並將常使用到的用品整理於下表：

性質	用品舉例
環境	一般床墊、減壓墊、毛毯、飛行床、防滑地墊等輔助用品。
按摩	皮尺、乾洗慕斯、溼紙巾、消毒酒精、香氛等用品。
其他	依按摩當下寵物的需求，彈性地提供協助。

4-3 按摩過程中應注意事項

　　由於按摩屬於被動式接觸，整體按摩計畫所需持續時間較久，按摩操作過程也容易有不可避免的問題產生，如：寵物過於興奮、寵物身體或精神狀況不穩定等情形，但如能在按摩過程中記錄下當時的情況，對後續的按摩操作可提供更全面的參考與幫助。

 表單紀錄

　　按摩過程中最重要的工作，是記錄下寵物身體當下的狀況，一般來說，在按摩過程中無法立即將觸碰時的狀況記錄下來，除了採取影像錄影方式外，還可運用按摩表單或是符號記錄的形式，把接觸的狀況立即標註（請參見下方的評估卡範本），待當下的工作階段完成後再將骨骼、肌肉的狀態與過程狀況詳細地記錄備存。

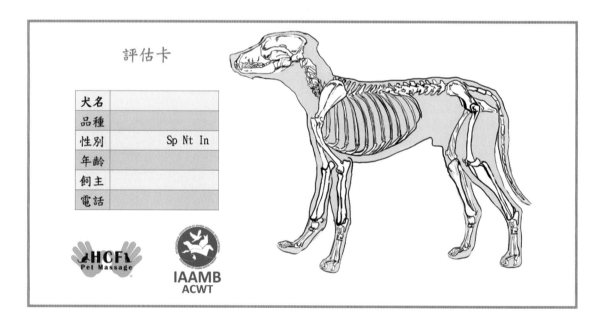

二 **空間環境**

　　按摩進行時，舒適的環境與和緩的氣氛，可以減少讓寵物冷靜與減短其適應接觸的時間，挑選寵物喜歡的坐墊或位置，利用對環境的安全感，讓寵物能夠快速的安靜下來，並將環境的干擾降到最低。

按摩計畫

　　觀察寵物身體的變化，如肌肉放鬆、彈性恢復、關節彎曲角度、步態分析等，安排每次的按摩課程內容，可以有效的追蹤身體變化狀況，並評估是否能夠增加關節活動、肌肉壓力與動態平衡的按摩協助。寵物按摩課程適合以週期性為單位進行計畫安排。

4-4 瑞典式按摩方式與技巧

　　寵物按摩源自於瑞典式按摩，手勢中尤其以輕撫式為主，其動作涵蓋整個按摩過程，伴隨著點壓、摩擦、橫式、拍擊等手法，針對骨骼、肌肉、肌腱、韌帶與淺層筋膜，採以緩慢且適當力道的動作，以連貫的按摩手勢與不同的按摩手法進行身體接觸，尤其以平掌的輕撫式最能展現出瑞典式按摩的精隨，指腹的按壓以及揉推為次，掌根與指根的摩擦也可以幫助組織放鬆、緩解觸發點所造成的疼痛症狀。

　　透過瑞典式的按摩手法，可以協助骨骼肌肉提升延展性與伸縮性，以下將以徒手瑞典式被動運動按摩手勢來做介紹：

一　輕觸式 ── 被動式

　動作：不施加任何壓力，使用平坦的雙掌心感受體溫與
　　　　呼吸，以靜止不動的方式平放於寵物身上進行
　　　　動作。

　部位：頸肩至骨盆中軸線上方、四肢骨骼、全身肌肉
　　　　系統。

　回饋：不需要移動或施加過大的力量，非常適合開始進
　　　　行按摩的第一個步驟。

二　輕撫式 ── 主動式

　動作：運用持平的手掌掌心流動於皮毛層與淺層肌肉，
　　　　適當地施予輕微的壓力。

　部位：全身部位，依各部位的肌肉生成方向順向進行。

　回饋：減低因敏感所造成的觸碰問題，增加彼此的信任
　　　　度並改善寵物的行為問題，消除焦慮情緒，刺
　　　　激毛囊層循環，提升組織基礎代謝。

三 揉搓式

動作：使用指腹、指節或掌根，依照不同的骨骼、肌肉部位及肌肉大小，對肌肉紋理進行橫向的直線動作。

部位：肌肉組織核心肌群層。

回饋：運用於肌肉組織層，放鬆肌肉酸痛與因壓力造成的僵硬問題，軟化纖維組織並消除疲勞。

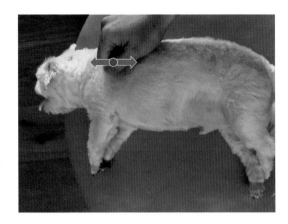

四 加壓式

動作：使用平坦的手掌或掌根直接接觸軟組織，運用於肌肉組織層的熱身，並且舒緩組織流動與偵測流失的組織。

部位：局部核心肌群組織較厚部位，例如：股二頭肌等。

回饋：舒緩表層組織與部位性疲勞感，放鬆組織因緊張與壓力累積的緊繃與僵硬狀態。

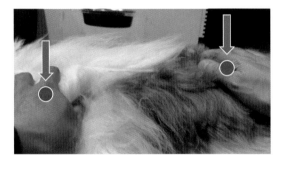

五 摩擦式

動作：運用於部位性熱身動作，使用指腹前後、左右動作，對於肌肉紋理順向方式進行。

部位：全身部位肌肉軟組織。

回饋：能減低敏感神經所產生的焦慮，幫助肌肉放鬆並促進代謝及循環。

六 拍擊式

動作：使用杯蓋式或輕拍式進行，力道輕，以能接觸
　　　到組織層為主，運用於大範圍肌群。

部位：核心組織層較厚部位。

回饋：肌肉收縮範圍小、延展性大有彈性，可以使用
　　　於按摩結束後。

七 按摩手式彙整

手勢分類	工具手使用部位	實際操作手法簡易解說
輕觸式 （被動式）	掌心面	靜止不動平放
輕撫式 （主動式）	掌心面、指腹	順向輕撫
搓揉式 （揉捏式）	單／雙手（指）、C 型虎口、指腹	(1) 單／雙手指腹 (2) 單手虎口、指腹提拿
加壓式 （擠壓式）	指腹、掌心面	適當壓力直接加壓
摩擦式	掌心面、指腹、拳面、掌根、指節、小手臂	(1) 直接加壓摩擦 (2) 垂直組織順向摩擦 (3) 橫向纖維束摩擦 (4) 順向肌肉線性移動 (5) 循環畫圓圈 (6) 皮膚滾動拇指推移 (7) 擦法摩擦 (8) 扭轉摩擦
拍擊式 （輕叩式）	掌心面、指腹、掌根	(1) 輕拍 (2) 拍打 (3) 順向橫劈 (4) 掌心杯蓋直拍 (5) 拳心直拍 (6) 指腹針式輕拍

4-5　軟組織運動操作方式

以下將對於軟組織運動操作方式進行動作與步驟說明。

 按摩的操作要點

1. 雙手靜止不動，平放於寵物身上。若寵物感到不適或敏感，則可立即調整。

2. 運用主動式（即輕撫式）觸摸全身。注意速度，並掌握、時間。

3. 當寵物側躺時，可依照組織前、中、後部位開始按摩。

4. 輕撫式可以運用於各個部位，以及作為接觸前和後的輔助手勢。

5. 尋找舒適點;避免敏感點;以循環模式進行。

局部按摩的五個步驟

1. 減敏安撫：確保所按摩的犬隻或貓咪能穩定情緒，減少其興奮、敏感及焦慮等
   狀況。

2. 肌肉探測：使用雙手觸碰，範圍包含從頭至尾、前肢與後肢，尤其留意敏感部
   位的肌肉組織結構狀況。

3. 觸碰按壓：按照按摩計畫與肌肉狀況，依身體前、中、後分部位進行被動式運動，按摩肌肉組織。

4. 活動伸展：此動作必須操作於肌肉暖身後，且被按摩者身體結構穩定，針對其需要操作的四肢關節位置，做前延伸、後延展、內縮和外擴。

5. 局部收操：局部位置操作過後，依部位的狀況進行一次收操動作。

第五章

被動式按摩的輔助

5-1 改善自體運動機能

　　為寵物進行按摩時，也可以運用自體運動學的概念檢視寵物的行動能力，而自體運動學的概念即包含步態行動方式、動態步伐平衡、身體軟組織與骨骼對稱協調以及自我固有體感，目的是透過觸碰檢視寵物當下身體狀況及身體條件，在接受按摩前掌握寵物的體態狀況與蒐集相關健康資訊，並可使用站立設備分析四肢力量的百分比例，或使用脈搏數據探測器分析壓力值、好奇值、舒適值以及興奮值，亦可透過骨骼與肌肉的觸摸辨識，依照狀況安排適合的按摩計劃。

　　熟悉機能運動學可以幫助飼主充分的了解犬隻與人類的不同，其部位包含鎖骨（骨骼架構）的差異、坐骨（肢體動作）的角度、骨盆（平衡）的位置、肩胛骨（體態）的角度以及臀部（平衡）的穩定程度。透過被動式按摩的輔助，也可以一一調整以下狀況：

㈠ 步態的協調程度

　　一般來說，肌肉會隨著壓力、張力、應力的改變，而影響身體的體態、活動角度、舒適度、固有體感、行動力等活動機能，當適度的接受按摩後，步態可以隨著壓力釋放產生舒適感，身體也可以藉由放鬆後所促進的新陳代謝與流體循環使動作更加敏捷。

㈡ 軟組織對稱平衡

　　肌肉正常收縮能使關節維持在正確位置，以固有體態來說，運動反射神經對於身體的平衡有記憶性，不同於身體因為疼痛所產生的感覺，肌肉的收縮能使肌肉保持對稱並得以維持身體各方面的平衡，包含肢體施力點平衡、跳躍動態平衡、行動中身體結構協調、步態行走中隨機調整整體重心點位置等。

㈢ 本體固有感受器

　　本體固有感受為身體非常重要的工作掌控，透過軟組織筋膜放鬆的方式，可以使得軟組織、四肢運動、關節位置、肌肉收縮的速度、肌腱與韌帶需要施加張力程度皆能更加快速恢復，並具有足夠的記憶模式讓身體有更佳的表現。

㈣ **疼痛處理與改善**

　　肌肉舒緩著重於肌肉的放鬆與壓力的釋放，為維持良好的固有體態與肌肉質量，肌肉骨骼系統的健康循環代謝是肌肉按摩中首重的目標，同樣地，對於修復組織、抑制疼痛、促進活動方向，也可以透過按摩復健的方式提升組織並加速修復速度。

㈤ **降低組織恢復時間**

　　在寵物活動前及活動後進行組織按壓活絡與刺激循環代謝動作，都能夠在短時間內提升軟組織恢復狀態。

5-2　關節活動範圍（動作範圍）評估

簡易來說，關節活動範圍（或稱動作範圍，Range of Motion，簡稱 ROM）評估可以在按摩前後進行，ROM 評估是針對特定的肌肉群或是關節部位運用曲屈和延展來測量部位和部位之間的活動範圍。透過活動 ROM 的方式可以很輕易的了解到關節的活動是否因疾病或老化而造成退化問題。活動 ROM 在按摩中也是一項很重要的動作，它能夠使按摩者了解到按摩前後肌肉與關節的差異性與產生的身體變化，因此必須妥善的規劃並記錄下整個按摩過程，以便對寵物的肢體關節進行追蹤。

 關節伸展角度減少的原因

身體關節伸展角度減少的原因有二個，一是活動限制，二是代償作用：

㈠ 活動限制

活動的限制往往因組織沾黏開始，當肌肉束與肌肉張力產生疲勞與痠痛的同時，關節疼痛、扭傷、拉傷等影響組織韌性的慢性傷害也會對身體產生影響，間接使得行動力下降、姿勢不良，甚至精神萎靡，若能夠即早發現並接受適度的活動調整與動態伸展訓練，這類問題便能慢慢獲得改善。

㈡ 代償作用

這種狀況常發生於進行正常的動作或姿勢時卻無法澈底執行，如抬腿、伸展或彎曲，本體固有感明顯地因疼痛或疲勞而受影響，導致動作的範圍漸漸無法加大，造成局部的組織損害，最終將導致關節產生痼疾、疼痛且有發炎症狀。

二 伸展

伸展對寵物來說是一個很基本且自然的本能活動，就像人類一樣，自然的伸展通常發生在睡覺起床之後、在沒有活動的狀態下沉靜一段時間之後，或是要離開被侷限在一個區域之後。當寵物接受按摩後，不僅感到舒適，身體也會自然地對伸展產生回應的欲望，一般來說，當部位性或是全身性按摩結束時，可以針對各部位做5～10分鐘的伸展活動。伸展運動包含：

（一）延伸

㈡ 反方向延展

㈢ 彎曲

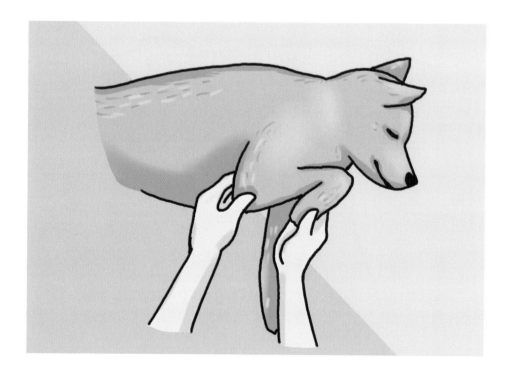

㈣ 彎曲內縮

㈤ 彎曲外擴

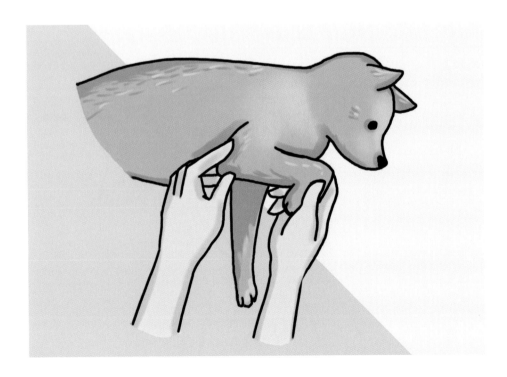

三 伸展的注意事項

　　為寵物進行伸展活動時，需要注意以下三點事項：

1. 絕對不能對尚未熱身的肌肉群做伸展。

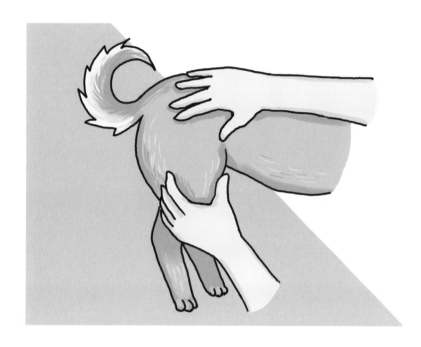

2. 在安全、舒適的範圍情況下進行伸展即可，角度勿過大。

3. 協助關節的伸展時，避免因姿勢過大而導致拉傷。

5-3　狗狗常見的骨骼系統疾病

　　肌肉對於骨骼健康狀況有很大的影響，也是骨科疾病中最常見的問題。肌肉傷害或異常會連帶著影響骨骼活動，也容易導致關節炎的發生，造成自體運動能力降低或跛腳問題，這不僅為身體組織與結構帶來壓力，也使身體無法達到平衡。再加上因前述問題引起的疼痛，也可能導致食慾不振或精神萎靡，間接影響了生理與心理。

　　當狗狗身體開始出現這些狀況時，可以藉由按摩達到舒緩與放鬆的效果，並定期安排獸醫師的會面與檢查，尋求適當的治療方式。

 造成寵物骨科疾病的可能因素

　　一般來說，有各式各樣的因素會造成寵物的骨科疾病，常見因素包括年齡、品種或飼養管理等。在一些特殊情況下，特定品種或是因為某些活動所造成的壓力，也是導致骨科疾病發生率偏高的原因，如以下情形：營養、基因、訓練、創傷、年齡、環境因素，以及醫療狀態。

 小知識

按摩應對方針

　　按摩規劃應著眼於改善循環、降低疼痛、修復組織、促進皮膚和毛髮的健康，以及調控炎症反應等有利於寵物的生理狀態。首先，循環系統和外皮系統的健康狀況可以透過摩擦、壓揉和輕拍的具體手勢應用來解決。整體的按摩規劃應著重於免疫系統功能和組織體液流動，輕撫式（主動式）、輕撫式（被動式）、摩擦式等手法則可運用在疼痛的部位周圍，以不過度施加壓力的原則下進行動作。

二 骨科症狀① —— 髖關節發育不良

髖關節發育不良指臀部和大腿關節因遺傳和環境因素，造成髖關節的關節窩發育不良，爲遺傳性疾病。髖關節發育不良的特徵之一，是骨骼和肌肉成長的速度不一，通常骨骼生長過快而肌肉量相對不足。

所有年齡的狗都有可能受到髖關節發育不良的骨性關節炎症狀所影響。如果嚴重病變，五個月大的小狗在劇烈運動後可能會表現出疼痛和不適。當病情逐漸惡化，將會影響正常的日常活動，甚至因爲疼痛而無法進行。此時若不進行檢查或治療，最終將導致其無法正常的生活。在大多數情況下，飼主往往直到成犬或老犬階段才會發現。

三 骨科症狀② —— 退化性關節炎

退化性關節炎的特徵，是在骨頭關節處，由滑膜覆蓋的軟骨端或纖維軟骨端，因軟骨耗損或退化後，使骨頭端裸露，無軟骨和滑膜包覆的骨頭在關節中發生過度摩擦，導致疼痛感與發炎的症狀產生。一旦有此問題，若未能經過妥善的照顧和治療，關節退化將會持續惡化，疼痛感也愈趨劇烈。

小知識

按摩應對方針分為三階段

1. 急性期

　　應盡量減少運動，提供舒緩疼痛的方式。避免肌肉組織過度的深層按摩與伸展活動，以 2 天一次週期的為原則，運用輕觸式、輕撫式、循環式舒緩神經系統功能和引流淋巴系統，每次動作不超過 10 分鐘。

2. 亞急性期

　　按摩舒緩組織並使組織液流動，以輕緩的方式對炎症處進行按摩，透過皮膚的摩擦能為緊繃的神經帶來舒緩，運用瑞典式按摩舒緩肌肉和筋膜，以每 3～7 天為週期，運用機能性手法、關節運動、摩擦提供動態協助，每次動作不超過 20 分鐘。

3. 恢復期

　　如能持續進行按摩，可以幫助身體減輕疼痛並刺激腦內啡釋放，運用按摩手法對肌肉進行揉、捏、按、壓、搓的動作，以 5～14 天為原則，運用關節運動技術協助恢復骨骼關節姿勢機能失調。

5-4 預防保健運動管理

　　不只人類進入高齡化社會，寵物也出現高齡化的趨勢，「預防勝於治療」的概念漸漸落實於基礎飼養教育，對於高齡寵物的保健方式也如雨後春筍般出現，尤其以運動管理來說，必要的尋求獸醫師的醫療協助為主、特定寵物照護員為輔，儼然成為目前最佳的寵物保健方式。

　　當寵物因居住環境導致無法長時間於戶外活動時，除了清楚了解其健康狀況與收集必要健康資訊外，首先必須進行飼主、獸醫師與特定寵物照護員的三方溝通，如以按摩保健為主要訴求，飼主可與美容師或照護員討論按摩計畫並配合運動管理；如以整合醫療為主，則飼主可先行與獸醫師診斷狀況，後續結合照護員安排運動計畫。

　　以按摩保健的步驟來說，針對肌肉的熱身伸展最能使軟組織周邊肌肉產生循環作用，除了可運用指腹、手掌等部位預防觸發點問題的產生，也可以使用按摩球、平衡木板、充氣平衡墊、水中跑步機等輔助用具作為協助，透過不同運動管理計畫，強化刺激肌肉循環。而以肌肉的功能來說，當有接觸或活動時產生發熱作用，並透過肌梭或高爾肌腱神經傳導避免身體過度運動或平衡肌肉張力。藉由按摩適當的提供流體運輸與循環刺激，使身體開啓自主新陳代謝循環功能，漸漸地使患部舒緩、緩和觸發點所產生的痠痛、減緩術後的組織纖維化或創傷型的腫脹疼痛，並配合運動訓練使自體恢復功能正常運作。

5-5 按摩常見三兩事

　　近年來國人飼養寵物比率逐年升高，為人們生活中增添了不少歡樂與陪伴，而有關寵物的生活需求與健康照顧資訊，已成為目前飼主們飼養照顧中必須要知道的訊息。

　　絕大多數的寵物們都生活在城市型態的環境中，使得寵物們並沒有充分的時間休息及適度的運動，因為在生活環境上無法提供大量活動的空間活動筋骨、舒解壓力，少部分的族群也因飼主長時間不在身旁而產生緊張、焦慮，進而衍伸出許多關節、肌肉與精神上的身心問題。如果能透過軟組織運動訓練的方式落實飼主居家預先照顧，不僅能提升身體質量與心理素質，也可提前預防突發狀況或因老化而產生的問題。

　　按摩手法並非醫療行為，但仍然在輔助與療癒方面扮演不可或缺的角色，不僅能舒緩心理與平衡身體，也協助創傷後復建、功能性失調、居家就近照顧、改善痼疾與預防老齡化問題，尤其以現今臺灣城市型的居住環境，除了維持適當的運動、平衡的飲食以及充足的睡眠外，讓寵物接受按摩的主要目標是讓寵物能夠舒壓放鬆，減低因飼主不在身旁所產生的心理焦慮，並透過日常對肌肉按摩的照護促進新陳代謝、維持健康體態，並能有效達成行為情緒管理、預防老化問題，以及增進飼主與寵物之間的親密關係。

　　本書致力於推廣寵物被動式運動並落實於居家照顧，結合實際的教學面與技術面，以豐富的圖文完整的詮釋瑞典式按摩，透過技術原理及寵物按摩實務，針對廣大飼主進行知識及技能解說，期望幫助更多飼主能透過專業技術了解您家寵物身體健康狀況並快樂成長、健康長大，永遠都是健康的毛孩子。

MEMO

MEMO

國家圖書館出版品預行編目資料

寵物居家保健按摩原理與實務／張維誌編著.
-- 初版. -- 臺北市：五南圖書出版股份有
限公司, 2023.10
　面；　公分
　ISBN 978-626-366-314-5（平裝）

1.CST: 寵物飼養　2.CST: 按摩

437.3　　　　　　　　　　112011042

5N29

寵物居家保健按摩原理與實務

作　　　者 — 張維誌

發 行 人 — 楊榮川

總 經 理 — 楊士清

總 編 輯 — 楊秀麗

副總編輯 — 李貴年

責任編輯 — 何富珊

封面設計 — 姚孝慈

出 版 者 — 五南圖書出版股份有限公司

地　　　址：106台北市大安區和平東路二段339號4樓

電　　　話：(02)2705-5066　　傳　　真：(02)2706-6100

網　　　址：https://www.wunan.com.tw

電子郵件：wunan@wunan.com.tw

劃撥帳號：01068953

戶　　　名：五南圖書出版股份有限公司

法律顧問　林勝安律師

出版日期　2020年5月初版一刷
　　　　　2023年10月二版一刷

定　　　價　新臺幣300元

經典永恆・名著常在

五十週年的獻禮 —— 經典名著文庫

五南，五十年了，半個世紀，人生旅程的一大半，走過來了。
思索著，邁向百年的未來歷程，能為知識界、文化學術界作些什麼？
在速食文化的生態下，有什麼值得讓人雋永品味的？

歷代經典・當今名著，經過時間的洗禮，千錘百鍊，流傳至今，光芒耀人；
不僅使我們能領悟前人的智慧，同時也增深加廣我們思考的深度與視野。
我們決心投入巨資，有計畫的系統梳選，成立「經典名著文庫」，
希望收入古今中外思想性的、充滿睿智與獨見的經典、名著。
這是一項理想性的、永續性的巨大出版工程。
不在意讀者的眾寡，只考慮它的學術價值，力求完整展現先哲思想的軌跡；
為知識界開啟一片智慧之窗，營造一座百花綻放的世界文明公園，
任君遨遊、取菁吸蜜、嘉惠學子！